U0337323

献给巴尼、莱尼和詹姆斯。

——汉娜·贝利

献给热爱大海的格蕾丝。

——哈丽雅特·埃文斯

图书在版编目（CIP）数据

神奇的沙滩海洋／（英）哈丽雅特·埃文斯著；
（英）汉娜·贝利绘；蔡冬梅译.— 上海：上海社会科
学院出版社，2022
（神奇的地上地下系列）
书名原文：Above and Below: Sea and Shore
ISBN 978-7-5520-3966-5

Ⅰ.①神… Ⅱ.①哈…②汉…③蔡… Ⅲ.①动物—
儿童读物 Ⅳ.① Q95-49

中国版本图书馆 CIP 数据核字（2022）第 174094 号

神奇的沙滩海洋

著　者：[英]哈丽雅特·埃文斯
绘　者：[英]汉娜·贝利
译　者：蔡冬梅
责任编辑：赵秋蕙
特约编辑：韩礼蔓　陈　辉
装帧设计：田　晗
出版发行：上海社会科学院出版社
上海市顺昌路 622 号　邮编 200025
电话总机 021-63315947　销售热线 021-53063735
http：//www. sassp. cn　E-mail：sassp@sassp.cn
印　刷：鹤山雅图仕印刷有限公司
开　本：889 毫米 ×1194 毫米　1/16
印　张：2.5
字　数：10 千
版　次：2023 年 1 月第 1 版　2023 年 1 月第 1 次印刷

ISBN 978-7-5520-3966-5/Q · 008　定价：136.80 元（全 2 册）

扫码领取配套音频，
聆听黄昏黎明、沙滩海洋的故事

Above and Below: Sea and Shore
Text by Harriet Evans
Text copyright © 2021 Little Tiger Press Limited
Illustration copyright © 2021 Hannah Bailey
Simplified Chinese translation copyright © 2022 by Beijing Green
Beans Book Co., Ltd.
Published by arrangement with Little Tiger, an imprint of Little
Tiger Press Limited,
through Penguin Random House (Beijing) Culture Development
Co., Ltd.
ALL RIGHTS RESERVED

上海市版权局著作权合同登记号：图字 09-2022-0724 号

神奇的地上地下系列

神奇的沙滩海洋

[英]哈丽雅特·埃文斯 著 [英]汉娜·贝利 绘 蔡冬梅 译 孙天任 审

上海社会科学院出版社
SHANGHAI ACADEMY OF SOCIAL SCIENCES PRESS

沙丘

　　强风吹动、聚拢沙滩上的沙子，形成沙丘。尽管沙丘的样子在不断改变，但它们始终为沙滩植被的生长提供庇护。

跳钩虾

　　正如它的名字告诉我们的，这种微小的甲壳动物受到惊扰时会跳向空中。

海藻

　　世界上有大约 1 万种不同的海藻。海藻十分重要，因为它们制造了世界上大约 70% 的氧气。

海鸥

　　海鸥会跺脚，模仿雨滴落在沙滩上的声音，诱骗虫子钻出地面，然后捕食它们。

鲎 [hòu]

　　鲎这类物种，已经存在了 3 亿多年，比恐龙存活的时间还长！

海　岸

　　海岸是陆地与海洋相会之处。千百年来，因为海水侵蚀和海平面变化，海岸也不断发生改变。从砂质海岸到砾石海岸，海岸的每一处都充满生命的活力。

贻 [yí] 贝

　　贻贝利用有黏性的足丝将自己附着在岩石上。

海星

　　海星常以贝类为食，等贝壳打开时，它会将胃推入贝壳内，分泌消化酶将其消化吸收。

"美人鱼的钱包"

　　这个听起来有点儿神秘的东西，其实是保护鲨鱼卵和鳐鱼卵的卵鞘。通常，它们被冲上岸的时候是空的，但偶尔也会有小鱼躲在里面！

化石

当动植物的骨骼被沉积物覆盖，并在强压下硬化成岩石时，化石就形成了。一旦岩石中的骨头被水侵蚀，遗留在岩石上的骨骼痕迹也会成为化石。

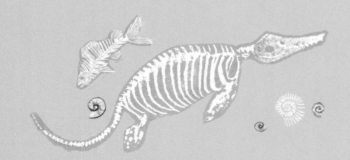

角百灵

大多数鸟类会在树上筑巢，但角百灵将巢修筑在地面上。

海鹦

海鹦看上去很笨拙，但它们的飞行速度极快，最高可达每小时 88 千米。

白缘眼灰蝶

白缘眼灰蝶有很多天敌。它们在毛毛虫和蛹的阶段最为脆弱，幸而此时有蚂蚁保护。不过，蚂蚁这样做是为了获取毛毛虫分泌的蜜露。

蜂兰

这种植物会模仿雌性蜜蜂的形态，并散发出类似的气味来吸引雄蜂，从而提高授粉率。

巨型海藻森林

世界上差不多四分之一的海岸都有巨型海藻森林分布，它们为各种动物提供了完美的繁殖和育儿场所。巨型海藻森林会突然出现，也会突然消失，因为它们对气候的变化十分敏感。

巨型海藻

某些巨型海藻可以在一天之内长高 60 厘米。

白翅斑海鸽

又称黑海鸠。它们在浅海海藻森林俯冲捕食。不过，它们更喜欢比较寒冷的海域，因为那里的鱼游得比较慢。

海豹

海豹在海藻森林里捕食。它们利用敏感的触须在黑暗的海水中搜寻猎物。

海獭 [tǎ]

海獭会拿石头敲开坚硬食物的外壳，比如海胆。有人认为，每只海獭都有自己钟爱的石头，并会终生使用！

灰鲸

在所有鲸类中，灰鲸迁徙距离最长，它们会从墨西哥海岸一路向北，到达阿拉斯加附近的海域。

凹螺

俗称棕头巾螺。这种螺的名字缘于它们外壳的形状和颜色。它们主要食用海带叶上的藻类。

极地海洋

在北极和南极的冰原上，只有最顽强的动物才能存活。北极的气温最低可达零下70℃左右，南极更低，因为那里98%的区域为冰层所覆盖。南极的最低气温可达零下98℃左右，堪称彻骨极寒。

北极燕鸥

北极燕鸥是地球上迁徙距离最长的鸟类，它们会从北极一路飞到南极过冬。

虎鲸

虎鲸喜欢群体生活，一个鲸群最多40个成员。每个鲸群都有独一无二的"口音"，这有助于它们辨认自己鲸群中的成员。

南　极

帽带企鹅

全世界约有750万对有繁殖能力的帽带企鹅，是所有企鹅种类中最多的。

雪鹱 [hù]

雪鹱能在胃里制造一种特殊的油。这种液体可以用来喂养雏鸟，在长距离飞行时提供营养，还可以用来喷向捕食者。

韦德尔氏海豹

韦德尔氏海豹的眼睛上有一层特殊的膜，能防止雪进入眼睛。

帝企鹅

帝企鹅们会挤成一团，然后轮流待在最暖和的中心位置。

大翅鲸

大翅鲸会在磷虾周围绕圈吐泡泡，把磷虾困在泡泡陷阱里，以方便捕食。

极地海洋

在北极和南极的冰原上，只有最顽强的动物才能存活。北极的气温最低可达零下 70℃左右，南极更低，因为那里98%的区域为冰层所覆盖。南极的最低气温可达零下 98℃左右，堪称彻骨极寒。

北极燕鸥

北极燕鸥是地球上迁徙距离最长的鸟类，它们会从北极一路飞到南极过冬。

虎鲸

虎鲸喜欢群体生活，一个鲸群最多 40 个成员。每个鲸群都有独一无二的"口音"，这有助于它们辨认自己鲸群中的成员。

南　极

韦德尔氏海豹

韦德尔氏海豹的眼睛上有一层特殊的膜，能防止雪进入眼睛。

帽带企鹅

全世界约有 750 万对有繁殖能力的帽带企鹅，是所有企鹅种类中最多的。

帝企鹅

帝企鹅们会挤成一团，然后轮流待在最暖和的中心位置。

雪鹱 [hù]

雪鹱能在胃里制造一种特殊的油。这种液体可以用来喂养雏鸟，在长距离飞行时提供营养，还可以用来喷向捕食者。

大翅鲸

大翅鲸会在磷虾周围绕圈吐泡泡，把磷虾困在泡泡陷阱里，以方便捕食。

河口湾

在河流入海的地方，平缓的潮汐会堆积泥沙，使河口附近变成滩涂，离河口较远的区域则变成草沼。这里肥沃的土壤成为各种草类、滤食动物和无脊椎动物的避难所，同时也引来了饥饿的鸟儿……

盐草

盐草能够将盐分排出形成晶体，从而在海水中存活。

浣熊

浣熊的眼睛附近有黑色斑纹，这些斑纹可以吸收光线，帮助它们看得更清楚。

盐沼禾鼠

盐沼禾鼠是极少数能生活在潮汐沼泽中的哺乳动物。

长嘴杓鹬 [sháo yù]

长嘴杓鹬趾间有蹼，擅长游泳。

蜻蜓

蜻蜓在近 3 亿年前进化出了翅膀，是最早进化出翅膀的昆虫之一。

鸻 [héng]

为了迷惑捕食者，有些鸻会趴在远离雏鸟的假巢上，假装在那里孵蛋。

矶鹬 [jī yù]

矶鹬睡觉时喜欢扎堆，常常 30~100 只鸟儿聚在一起休息。

补血草

世界上大约有 300 种补血草。

热带海岸

南北回归线之间是地球上最温暖的区域。充足的阳光和温暖的海水，令这里成为大量动物的乐园，也让这里的岛屿成为诸多陆生野生动植物繁衍生息的天堂。

椰子蟹

椰子蟹在印度洋和太平洋均有分布。椰子蟹是强大的捕食者，算上螯 [áo] 的话，它们展开足有 1 米宽。它们捕食寄居蟹、老鼠，甚至鸟类。

丽色军舰鸟

丽色军舰鸟是鸟类世界里的海盗，它们会袭击其他动物，迫使它们放弃食物，然后抢走战利品。另外，雄性丽色军舰鸟会鼓起红色的喉囊，以吸引配偶。

宽吻海豚

宽吻海豚可以跃出水面 5 米。

蓝枪鱼

蓝枪鱼是海洋中体型最大的鱼类之一，可以长到 4.3 米长。

海鬣 [liè] 蜥

海鬣蜥是加拉帕戈斯群岛的特有物种。它们会游泳，还进化出了适应水中生活的身体构造，比如用来将多余盐分排出体外的腺体。

猪

巴哈马群岛上生活着一群野猪。有人认为，它们的祖先可能是从遇难船只游到岛上的，或者是被船员留在了那里。

海龟

海龟妈妈用鳍肢在沙滩上挖洞，然后把卵产在洞中。一只海龟最多可产卵 100 枚。新生海龟的性别取决于温度：比较温暖的巢里会孵出雌性小海龟，比较寒冷的巢里则会孵出雄性小海龟。

着生长，寄居蟹需要寻找更大的壳，来安置长大的身体。

过滤 200 多升水。

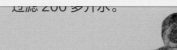

拟刺尾鲷

实际上，这种漂亮的蓝色鱼，幼年期是黄色的。

小丑鱼

新生的小丑鱼都是雄性的，但有些会在后来变成雌性。

鲸鲨

鲸鲨是世界上最大的鱼类，最长可达 18 米。

鳞鲀

在英语中也被称作扳机鱼，因为它的身体上方有个像扳机的棘刺，能够将自己"锁"进珊瑚中的隐蔽处。

四眼蝴蝶鱼

这种鱼在靠近尾巴的地方有眼状斑纹，可以用来掩饰它们游动的方向。

花斑连鳍䲗 [xián]

俗称七彩麒麟，体表没有鳞片，而是覆盖着难闻的黏液，以此来阻挡捕食者。

珊 瑚 礁

珊瑚礁斑斓的色彩令人称奇，而且它只占海底不足 1% 的面积，却拥有世界上大约 25% 的已知海洋生物物种，因此被誉为"海洋雨林"。甚至珊瑚本身也是有生命的，它们由微小的珊瑚虫构成。

河鲀 [tún]

河鲀能快速吸入海水和空气，使身体膨胀到平常的好几倍。绝大多数河鲀体内含有毒素，对人类来说，其毒性是氰化物的 1200 倍。

柳珊瑚

柳珊瑚上的珊瑚虫四处伸展它们的触手，捕捉海水中的浮游生物。

鹿角珊瑚

鹿角珊瑚是世界上生长速度最快的珊瑚之一，名字缘于其外观形似鹿角。

鹦嘴鱼

有些鹦嘴鱼会在睡觉时用黏液"作茧自缚"以保安全。

蓑鲉

又称狮子鱼。这种鱼最初见于印度洋及太平洋海域，现在也大量出现在佛罗里达与加勒比海。有人认为它们可能来自人类的水族馆！

金黄水母

金黄水母毒性很强，猎物被它们蜇到后就会失去知觉。但也有一些鱼对这种毒素有免疫力，它们甚至会藏在水母的触手里，以躲避其他捕食者。

巴氏豆丁海马

幼年的巴氏豆丁海马可能只有 2~3 毫米长——也就一粒大米的大小！

棘冠海星

除了人类，棘冠海星也是珊瑚的一大威胁，因为它们以珊瑚为食。

章鱼

章鱼的聪明程度超乎人们的想象！有人亲眼看见它们将丢弃的椰壳当成盔甲。

红 树 林

世界各地的红树林里栖息着很多独特的动物，如孟加拉虎、澳大利亚伪沼鼠等。红树林缠绕的树根露出水面，为动物提供了栖身的隐蔽之所，它们高大的身影也保护了海岸免遭风浪袭击。

狐蝠

狐蝠翼展最宽可达 1.5 米，是世界上体型最大的蝙蝠。

红树

红树的树根高高拱起，使红树林可以经受住海水日复一日的冲刷。

孟加拉虎

每一只孟加拉虎身上的条纹都是不同的，就像人类的指纹一样独一无二！

伪沼鼠

伪沼鼠不会游泳，只能待在岸边，等着捡食冲上岸来的食物残渣。

黄环林蛇

黄环林蛇以树洞为巢，并在巢里产卵。

白鹭

求偶期间，白鹭会长出精致的蓑羽。它们将这些羽毛呈扇形展开，来吸引配偶。

翠鸟

为了博得雌鸟的芳心，雄翠鸟会叼一条鱼献给它。雄翠鸟可能要这样做好多次，雌鸟才会同意成为它的伴侣。

红树巨蜥

这种蜥蜴通过鼻孔将多余的盐分排出体外。

深　海

从水面下大约 200 米一直到海底，都属于深海的范畴，那里是一个神秘莫测的世界。虽然到过海洋最深处的人比到过太空的人还要少，但生活在幽暗的海洋深处的生物种类，可能比人们想象中的多很多！

巨螯蟹

这种甲壳动物一生都在生长，它们的寿命可达 100 岁。

海山

又叫海底山，是地球火山活动形成的水下山脉。露出水面的那些海底山就成为海岛，比如夏威夷的冒纳凯阿火山，它的山体高度（淹没于水下的山脚到露出水面的山顶之间的距离）超过了珠穆朗玛峰。

海参

有些海参会抛弃自己身体发光的部分，以迷惑捕食者。

宽咽鳗

宽咽鳗的嘴巴可以鼓起来，以吃掉更大的动物。

皱鳃 [sāi] 鲨

皱鳃鲨牙齿很多——准确地说，它们共有 300 颗牙齿，排成 25 排。不过，它们也能将猎物整个吞下。

狼鳚 [wèi]

这种鱼的血液里含有一种抗冻物质，能帮助它们在冷水中存活。

鮟鱇 [ān kāng]

鮟鱇以它面前悬吊着的那盏明亮的"灯"而出名，它们利用这个发光的诱饵吸引猎物。

钻光鱼

钻光鱼可能是世界上数量最多的脊椎动物。据估算，它们的数量可能有数万亿。

长。它们利用红树林水珠躲避捕食者。

卵、孵卵长达 4 年之久。

海平面 11034 米!

扫码领取配套音频，
聆听黄昏黎明、沙滩海洋的故事

献给米娅、伊兰和安德。

——妮克·琼斯

献给夏洛特。

——哈丽雅特·埃文斯

图书在版编目（CIP）数据

神奇的黄昏黎明 /（英）哈丽雅特·埃文斯著；
（英）妮克·琼斯绘；蔡冬梅译 . — 上海：上海社会科
学院出版社，2022
（神奇的地上地下系列）
书名原文：Above and Below: Dusk till Dawn
ISBN 978-7-5520-3966-5

Ⅰ.①神… Ⅱ.①哈…②妮…③蔡… Ⅲ.①动物—
儿童读物 Ⅳ.① Q95-49

中国版本图书馆 CIP 数据核字（2022）第 174095 号

神奇的黄昏黎明

著　者：〔英〕哈丽雅特·埃文斯
绘　者：〔英〕妮克·琼斯
译　者：蔡冬梅
责任编辑：赵秋蕙
特约编辑：韩礼蔓　陈　辉
装帧设计：田　晗
出版发行：上海社会科学院出版社
　　　　　上海市顺昌路 622 号　邮编 200025
　　　　　电话总机 021-63315947　销售热线 021-53063735
　　　　　http://www.sassp.cn　E-mail: sassp@sassp.cn
印　刷：鹤山雅图仕印刷有限公司
开　本：889 毫米 ×1194 毫米　1/16
印　张：2.5
字　数：10 千
版　次：2023 年 1 月第 1 版　2023 年 1 月第 1 次印刷

ISBN 978-7-5520-3966-5/Q·008　定价：136.80 元（全 2 册）

版权所有　翻印必究

如有印装质量问题，请向青豆书坊（北京）文化发展有限公司
调换，电话：010-84675367

神奇的地上地下系列

神奇的黄昏黎明

［英］哈丽雅特·埃文斯 著　［英］妮克·琼斯 绘　蔡冬梅 译　孙天任 审

上海社会科学院出版社
SHANGHAI ACADEMY OF SOCIAL SCIENCES PRESS

稀树草原

在非洲稀树草原，日落后的几个小时是十分宝贵的，在这段时间里，草原从白天的炎热中获得了短暂的喘息。夜幕降临后，有些动物休息了，有些动物则刚刚从凉爽的地洞中钻出来。

长颈鹿

为了保持警惕，防止捕食者的袭击，长颈鹿每次只睡几分钟，而且可以站着睡觉。

角马

在旱季，为了寻找茂盛的植被，有超过 150 万头角马要踏上大约 1000 千米的迁徙之旅。

灰冠鹤

作为求偶仪式的一部分，灰冠鹤会跳跃、舞动及彼此鞠躬。

豹子

豹子是有名的爬树高手，它们会将猎物拖到树上。这样，不会爬树的食腐动物就不会偷走它们的食物了。

婴猴

婴猴在树间跳来跳去时，会将耳朵内折并贴在头上，这样可以很好地保护耳朵。

假面野猪

又称丛林猪，这种动物常常跟在猴子后面，捡食它们掉落的各种果实。

犀牛

犀牛利用泥巴裹住皮肤，避免虫子叮咬和太阳晒伤。

荒漠疣猪

荒漠疣猪是最能应对干旱的哺乳动物之一，能够长时间不喝水来应对几个月之久的旱季。

欧洲獾

獾非常看重家园（即"獾穴"）卫生。它们不会把食物带进穴里，而且只在穴外排泄！

皇蛾

雌皇蛾只在安全的夜间飞行，但雄皇蛾在白天也会冒险外出。

金银花

金银花在夜晚会散发出比较浓郁的香味，来吸引夜间授粉者，比如飞蛾。

赤狐

尽管狐狸与獾是捕食的竞争对手，但是有时会一起住在獾穴里。

穴兔

兔子可以将耳朵转动270°，来倾听捕食者发出的声音。

狍子

与其他鹿类不同，雄狍子在冬天长角，而不是夏天。

森 林

森林里隐藏着许许多多的动物，比如兔子、狍子等。随着夜幕降临，动物们或爬或跑，纷纷开始行动，森林里变得热闹起来。

大蟾蜍

蟾蜍可以通过皮肤分泌毒液，令捕食者敬而远之。

欧亚河狸

河狸会在河流中修筑水坝，拦出一片平静的池塘，然后在池塘里建造巢穴。每个巢穴的内部都在水面之上。有时，河狸会在巢穴入口处另建一个露台，在那里把自己晾干。

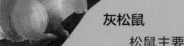

灰松鼠

　　松鼠主要靠摇动尾巴来沟通。

伶鼬 [yòu]

　　伶鼬从不自己挖洞，而是霸占其猎物的家。它们纤细、灵活的身体，可以挤进各种角落和缝隙。

刺猬

　　通过摄取有害的物质，比如有毒植物，刺猬能制造出一种毒泡沫。它们会把这种泡沫涂在刺上，以保护自己。

大斑啄木鸟

　　啄木鸟用自己的长舌头捕捉躲在树里的虫子。

榛 [zhēn] **睡鼠**

　　榛睡鼠因喜爱吃榛子而得名。它们大约 20 分钟才能嗑开一个榛子。

仓鸮 [xiāo]

　　仓鸮会先将小型哺乳动物整个吞下，然后再把不能消化的骨头和毛发等，以"食丸"的形式反吐出来。

　　（注：部分鸟类吃进的食物中不能被吸收或排泄的东西，会在胃里凝结成团状物，被鸟从嘴里反吐出去，这种行为被称为"吐食丸"。）

北极苔原

因为地球公转，北极圈夏季朝向太阳，冬季背向太阳。因此这里每年夏季的一段时间，会出现"极昼现象"（太阳不会落下，天空总是明亮的）；每年冬季的一段时间，会出现"极夜现象"（太阳不会出现，天空总是黑暗的）。

极光

来自太阳的带电粒子与地球的大气层相遇，会碰撞出绚丽多彩的光，这便是极光。

雪鸮

为了抵御寒冷，雪鸮长有很多羽毛，甚至脚上都有！

麝 [shè] 牛

麝牛无论雌雄都长犄 [jī] 角，而且它们的犄角一生都在不停地生长。

北极狐

北极狐自己找不到食物时，会吃北极熊的残羹剩饭。

北极狼

北极狼有两层毛，外层毛用来防风雪，里层毛用来保暖。

驯鹿

冬季，驯鹿的眼睛会由金黄色变成蓝色，以减少对光线的反射，帮助它们在比较黑暗的月份看得更清楚。

白靴兔

白靴兔的后脚掌很大，可以支撑它们在雪地上蹦跳。

丛林

自然界最凶残的狩猎活动很多都发生在丛林中。为了躲避捕食者，较小的动物学会了只在夜间活动。但随着它们的习性改变，捕食者也学会了在黑暗中潜伏，随时准备一跃而起……

林鸱 [chī]

林鸱的眼皮间有狭小的缝隙，所以即使闭着眼睛，它们也能看见周围的动静。

蜘蛛猴

蜘蛛猴社会性很强，甚至会彼此拥抱！蜘蛛猴结群生活，每群大约 35 个成员，不过它们会分成小组觅食就餐。

吸血蝠

与大众的认知不同，吸血蝠是很好的伙伴。它们会把食物分给捕食不多的同伴，偶尔还会照顾孤儿。

萤火虫

人们认为萤火虫发光是为了吸引配偶或沟通信息。萤火虫的种类不同，发光模式也不同。

真菌

在热带雨林的幽暗角落，生长着 70 多种已知的真菌。

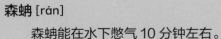

森蚺 [rán]

森蚺能在水下憋气 10 分钟左右。

长尾虎猫

长尾虎猫是爬树高手，它们仅靠一只爪子就能吊在树枝上。

貘 [mò]

受到威胁时，貘会逃到水里，因为它们是游泳高手。它们有时候会使用长鼻子呼吸，像人类使用潜水呼吸管一样。

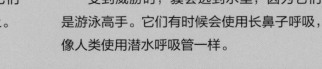

海　洋

白天，浮游植物在海面沐浴阳光。到了晚上，浮游动物游到海面上进食，把浮游植物当作晚餐。伴随浮游动物的向上游动，整个食物链也随之上行，这引发了自海洋深处开始的大规模迁徙。

夜鹭 [lù]

夜鹭经常和其他鸟类混合筑巢，有时还会哺育不同鸟类的雏鸟。

抹香鲸

抹香鲸可能是睡眠最少的哺乳动物——它们一生中，93% 的时间都是醒着的。

滑银汉鱼

满月或新月后潮水水位最高，此时滑银汉鱼会逐浪而来，到海滩产卵。

海龟

海龟总是回到它们出生的海滩产卵，即便这样做需要跋涉数千里，它们也在所不辞。

雪鹭

尽管雪鹭通常在日间活动，但是它们也会在夜晚捕食正在产卵的滑银汉鱼。

北象海豹

北象海豹在加利福尼亚和阿拉斯加之间迁徙。它们在加利福尼亚繁殖、换毛，在阿拉斯加觅食。

甲藻

甲藻是非常非常小的水生微生物——它们只是一个一个的单细胞而已。像夜光藻这样的甲藻会在夜晚发光，令海水闪闪发亮。

水豚最重时可达 66 千克，是世界上最大的啮齿动物。

雌性凯门鳄一次最多可以产 65 枚卵。

沙　漠

白天的沙漠，头顶太阳暴晒，脚下沙子炙烤，对于绝大多数动物来说都不好过。然而，一旦夜幕降临，气温随之下降，这片干燥之地就会变得充满生机。

花尾蝠

为了在黑暗中自由飞行，蝙蝠会发出高频率的声波，然后等待声波折返回来。这个过程叫作回声定位。与绝大多数蝙蝠不同，花尾蝠的回声定位声波可以被人类听到。

昙花

这种仙人掌科植物的白色花朵只开放一个晚上。

小盾响尾蛇

顾名思义，响尾蛇尾巴的末端，有一个摆动起来会发出响声的尾环，它们以此来吓退捕食者。

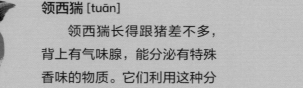

雕纹刺尾蝎

一只雌雕纹刺尾蝎最多可以生出 35 只幼蝎。雕纹刺尾蝎妈妈会一直背着宝宝，直到它们长到约两周大。

希拉毒蜥

世界上有毒的蜥蜴为数不多，希拉毒蜥便是其中之一。希拉毒蜥行动迟缓，因此它们便用毒液麻痹猎物。

领西猯 [tuān]

领西猯长得跟猪差不多，背上有气味腺，能分泌有特殊香味的物质。它们利用这种分泌物来标记领地和族群。

蓬尾浣熊

蓬尾浣熊总是在搬家，它们在同一个窝里待的时间不会超过 4 天。

斑头雁

斑头雁迁徙时，通常会在 7000 米以上的高空飞翔，它们创造了鸟类迁徙飞行高度纪录。

果子狸

跟臭鼬一样，果子狸也会散发出恶臭的气味，警告捕食者赶快离开。

牦牛

牦牛可以抵御低至零下 40℃的严寒，甚至还能在部分结冰的水里游泳。

马麝

雄性马麝不长犄角，而是在嘴巴外面长着长长的獠牙。这些獠牙在雄麝争夺雌麝时会派上用场。

雪莲

这种植物体表覆盖着一层绒毛，帮助它们抵御夜晚冰点以下的低温。

喜马拉雅山脉

喜马拉雅山脉高耸入云，拥有世界上最高的山峰。这里地势陡峭，看似不适宜动物生存，却孕育出了一些世界上最珍稀、最神奇的生物。

马来豪猪

马来豪猪不但模样恐怖，还会晃动棘刺，发出响声，以吓退捕食者。

姬猪

姬猪的体长从 55 厘米到 70 厘米不等，是世界上最小的猪。

金叶猴

金叶猴是最濒危的灵长类动物之一。

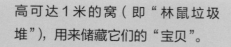

高可达 1 米的窝（即"林鼠垃圾堆"），用来储藏它们的"宝贝"。

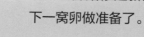

下一窝卵做准备了。

雪豹

　　雪豹的尾巴很粗，不但可以保暖，帮助它们保持平衡，还可以储存脂肪，以备食物短缺。

小熊猫

　　小熊猫能将踝关节转动 180°，这样可以保证它们从树上下来的时候抓牢树枝或树干。

短嘴金丝燕

　　短嘴金丝燕是少数几种使用回声定位的鸟类之一。在回声定位的帮助下，它们可以在洞穴里自由穿梭。

喜马拉雅狼

　　和其他狼相比，喜马拉雅狼能更有效地利用氧气，这样才能在高海拔地区生存。

黑熊

　　冬季，绝大多数黑熊都会在洞穴或树洞中冬眠。这段时间，它们不吃、不动，甚至也不拉屎。

草原兔

草原兔常常把幼崽分散到远离自己巢穴的城市角落，这样捕食者便不容易找到它们。

郊狼

住在乡下的郊狼通常在白天活动，而那些搬到城市的郊狼，为了躲避人类，倾向于在夜晚活动。

鸣角鸮

遇到危险时，鸣角鸮会躲在树间进行伪装。它们可能会让自己看起来细瘦一些，再闭上眼睛，甚至还会像树枝那样在风中摇摆。

臭鼬

臭鼬在喷出臭气之前，会先用尾巴抽打地面，还会跺脚，以此来吓唬对方。西部斑臭鼬甚至还会倒立，一方面显示它们身上的斑纹，同时也让自己看起来更高大。

城　市

随着城市不断扩张，越来越多的动物悄然进入城市，它们被唾手可得的食物来源——人类垃圾所吸引。因为城市有持续的明亮灯光，又因为想躲避人类，所以很多城市中的动物改变了它们的自然睡眠习惯，变成了夜行动物。

负鼠

负鼠受到威胁时会装死，甚至还会释放出一种尸臭味。

加拿大雁

加拿大雁通常睡在水面上，轮流守护雁群。

家麻雀

　　家麻雀会用"沙浴"的方式清除油脂或寄生虫。

浣熊

　　浣熊爪子上的感受器是大多数哺乳动物的五倍。

褐鼠

　　老鼠洞通常有一个入口和两个出口，以便它们在危急时迅速逃跑。

鸽子

　　鸽子的聪明让人惊叹。它们能学会辨认字母，还能做简单的算术题。

短尾猫

　　短尾猫的个头是家猫的两倍。它们可以从 3 米远的地方纵身扑到小型哺乳动物身上。